Fairtrade. Wer profitiert wie, wenn überhaupt?

Leonard Rothenfeld

Bibliografische Information der Deutschen Nationalbibliothek:

Die Deutsche Nationalbibliothek verzeichnet diese Publikation in der Deutschen Nationalbibliografie; detaillierte bibliografische Daten sind im Internet über http://dnb.d-nb.de abrufbar.

ISBN: 9783389090411
Dieses Buch ist auch als E-Book erhältlich.

Universität Bayreuth

Geographisches Institut

FAIRTRADE – WER PROFITIERT WIE, WENN ÜBERHAUPT?

Hausarbeit

Datum der Abgabe: 05.04.2021
Seminar: „Wirtschaftsgeographien des globalen Kapitalismus"

Studiengang: LA RS Geographie
Semester: 3. Fachsemester

Inhaltsverzeichnis

Abbildungsverzeichnis

[Die Abbildung ist aus urheberrechtlichen Gründen nicht im Lieferumfang enthalten.]

1. Fairtrade – Eine gute Alternative?

Die Thematik des Fair Trade Handels und dementsprechend Fair Trade Gütern wird Jahr für Jahr wichtiger. Konsumenten auf der ganzen Welt ist es bedeutender denn je zuvor, lokale Produkte, von denen sie wissen, wo sie herkommen und an wen der Erlös geht, zu unterstützen (Umweltbundesamt). Allein im Jahr 2018 haben Fair Trade Produkte einen Umsatz von 9,8 Milliarden Euro erzielt (Annual Report 2), was seit 2008 eine Steigerung um 238% darstellt (Statistisches Bundesamt, zitiert nach de.statista.com). Das hat nicht zuletzt mit dem steigenden öffentlichen Interesse an nachhaltigen Produkten aller Art zu tun, wie an den Umsätzen erkennbar ist. Solche entsprechend nachhaltigen Produkte, die den Fair Trade Richtlinien entsprechend produziert und angebaut werden, werden mit einem Siegel gekennzeichnet, um dem Endverbraucher über dessen besondere Bedingungen der Herstellung zu unterrichten und zum Kauf anzuregen.

Doch was ist „Fairer Handel" überhaupt? Was sagen diese Fair-Trade-Siegel genau aus? Und welche sind am fairen Handel beteiligt? Wie profitieren die Kleinbauern in den Drittländern von der Fairtrade-Zertifizierung? Welche Schattenseiten und aktuellen Kritiken gibt es zu Fair Trade? Das Ziel der Arbeit ist genau diese Fragen aufzuarbeiten und zu beantworten.

Nach einer Erklärung, was der faire Handel überhaut per Definition ist und welche Ziele mit ihm angestrebt werden, wird von mir noch kurz das Fairtrade-Siegel beleuchtet. Im darauffolgenden Kapitel dreht sich alles um die aktuellen Debatten und Kritiken, die dem Fairtrade-Handel entgegengebracht werden. Auf diesem Abschnitt liegt ein besonderes Augenmerk, denn hier werden besonders die oft nicht publizierten Nachteile erläutert. Danach werden die Akteure der Lieferkette des fairen Handels untersucht und wie sie von Fair Trade profitieren beziehungsweise nicht profitieren. Dabei soll ein besonderer Fokus auf den Farmern / Produzenten liegen. Das alles wird beispielhaft mit dem Kaffeeanbau dargelegt. Im abschließenden Resümee werden nochmal alle vorangegangenen Thesen aufgegriffen und ein abschließendes Urteil gefällt, mit dem die Forschungsfrage, wie sehr Kleinbauern die Gewinner des weltweiten fairen Handels sind, beantwortet wird.

Hinweis: „In dieser Arbeit wird aus Gründen der besseren Lesbarkeit das generische Maskulinum verwendet. Weibliche und anderweitige Geschlechteridentitäten werden dabei ausdrücklich mitgemeint, soweit es für die Aussage erforderlich ist."

2. Das Konzept von Fair Trade

2.1 Was ist Fair Trade?

Fair Trade oder auch fairer Handel ist laut Definition der „Handel mit Produkten der Dritten Welt zu Bedingungen, die auch aus Sicht der Produzenten fair und angemessen sind" (Duden). Im Detail bedeutet dies, dass der Handel durch eine Dachorganisation wie FairTrade International kontrolliert und so faire Arbeitsbedingungen für die Kleinbauern und Arbeiter sichergestellt wird. Der Dachverband bestimmt weiterhin einen bestimmten Mindestpreis, der für eine angemessene Bezahlung der Arbeitskräfte sorgt, und verhandelt zudem auch eine Mindestabnahmemenge mit den Exporteuren. (BMZ; Fairtrade Deutschland)

Eine weitere Besonderheit bei Fair Trade ist zudem die bewusste Wahrnehmung der Nahbarkeit zu den Kleinbauern und dem Herstellungsprozess durch den Konsumenten, während beim Kauf einer „standardized commodity" (Coe et al. 105) eine bewusste Entfremdung von Erzeugern und Endverbrauchern stattfindet. Bei Letzterem geht es rein um den Nutzen, den die Ware dem Käufer bringt, unterdes bei Fair Trade Produkten die Geschichte und die Bedingungen der Herstellung in den Drittländern im Vordergrund steht (ebd.).

Während beim klassischen, kapitalistisch angelegten Markt also Angebot und Nachfrage den Preis bestimmen, den zum Großteil die Produzenten einbehalten, geht es auf dem Fair Trade Markt vor allem um die Stärkung der Arbeiter am Anfang der Lieferkette. Deshalb ist dieser Markt auch Teil der „Alternative Markets" (Coe et al. 461). Ein Konzept das Märkte beschreibt, die sich nicht mit den klassischen Marktregeln von Nachfrage und Angebot identifizieren, wie zum Beispiel der Tauschhandel, Onlineforen, … (ebd.)

2.2 Fair Trade Standards und Siegel

Fair Trade ist erst dann Fair Trade, wenn bestimmte Richtlinien und Standards eingehalten werden, die von ihren Akteuren ausgearbeitet wurden und regelmäßig aktualisiert werden. (BMZ; Fairtrade Deutschland) Eine zentrale Rolle hierbei spielen die FLO (Fairtrade Labelling Organizations International) und die WFTO (World Fair Trade Organization). Sie sorgen jeweils dafür, dass die Standards global eingehalten werden und alle Akteure des fairen Handels sich dem gemeinsamen Kontrollsystem unterziehen. (BMZ) In einem gemeinsamen Papier haben die beiden angeführten Organisationen Grundsätze festgelegt, die den fairen Handel ausmachen und eingehalten werden müssen (World Fair Trade Organization). Diese Regeln umfassen menschenrechtliche Gesichtspunkte, sowie nationale Gesetzgebungen. Neben den bereits genannten Punkten wie menschenwürdigen Arbeitsbedingungen und einem angemessenen Mindestpreis, sind auch die Rechte von Kindern besonders zu schützen und der Anbau muss vollkommen ökologisch einwandfrei sein. Das bedeutet, dass mit Ressourcen bedachtsam umgegangen werden, auf Schädlingsbekämpfungsmittel verzichtet und der Saatanbau nicht biologisch modifiziert werden darf. (Fairtrade Deutschland; World Fair Trade Organization, Maseland und de Vaal 254)

Eine Ware, die gemäß der Fair Trade Richtlinien produziert wurde, muss im Laden auch als solche deklariert werden. So können die Endverbraucher, das letzte Glied der Lieferkette, erkennen, welche Produkte unter den besonderen sozialen, ökonomischen und ökologischen Kriterien produziert wurden.

2.3 Kontroversen und Kritik

Auch wenngleich Fair Trade ein durchwegs positives Image in der Gesellschaft hat und viele Vorzüge für die Kleinbauern mit sich bringt (Bäthge 74f.), gibt es doch auch immer wieder Kritik und Diskussion gegenüber Fair Trade und seinen Produkten, wie nachfolgend erörtert werden soll.

Ein immer wieder auftauchender Kritikpunkt ist die scheinbare Ausnutzung des Fair Trade Rufs durch den Handel, um wirtschaftliche Ziele zu realisieren (Bäthge 123ff.). Gerade den Discountern wird immer wieder vorgeworfen, fair gehandelte Produkte nur für das eigene Image oder aus rein kommerziellen Gründen zur Absatzsteigerung anzubieten, da die Begriffe „Fair Trade" und „Discounter" im ersten Moment nicht vereinbar sind (Günther). Da aber jedes kommerzielle Unternehmen auf lange Sicht gewinnorientiert handelt, ist dieses Argument nur bedingt aussagekräftig.

Eine Kritik, die noch an das vorangegangene Argument anknüpft, ist, dass „FairTrade" auf einem Produkt nicht sofort bedeutet, dass alles an diesem Produkt „fair" produziert wurde. Sobald ein Lebensmittel mind. 20% „faire" Zutaten enthält, ist dieses dann sogenannte Mischprodukt berechtigt, das Fairtrade-Siegel zu tragen. Lediglich ein kleines optisches Pfeilsymbol trennt das „100%-Fair-Siegel" von dem „Mischprodukt-Siegel". Für Verbraucher also kaum erkennbar. (Günther)

Ein Ziel, das mit dem Verkauf von Fair Trade Produkten angestrebt und oft von Verfechtern so kommuniziert wird, ist das Verbessern der Lebensumstände der Kleinbauern in Drittländern (Fairtrade Deutschland). Die Konsumenten gehen also davon aus, dass ihr Kauf direkt einen positiven Einfluss auf die Erzeuger haben wird (Walton 693). In Wahrheit aber landet der volle Kaufpreis trotzdem in der Kasse des Verkäufers, wie bei allen anderen Waren auch. Es wird also gezielt mental vorgegaukelt, dass das Kaufen von Fair Trade Produkten, im Gegensatz zu Konkurrenzprodukten, der beste Weg ist, um die Arbeiter zu unterstützen (ebd. 694). Dabei ist eine genauso beziehungsweise meist effektivere Methode das Spenden an Hilfsorganisationen (ebd. 693; DiMarcello 12).

Wie oben bereits beschrieben, ist ein offiziell festgelegtes Ziel vom fairen Handel sozial und ökonomisch benachteiligte Produzenten/Kleinbauern langfristig im „konventionellen Marktsystem" (Hornung et al. 127) zu manifestieren. Durch das ansteigende Interesse an Fairtrade-Produkten (Statistisches Bundesamt, zitiert nach de.statista.com) in den letzten Jahren, wurde dieses Ziel auch erreicht. Es wird also indirekt behauptet, dass allein „partielles Marktversagen‘" (ebd.) Grund für die sozialen Disparitäten sind und durch moralische Kaufentscheidungen seitens der Konsumenten etwas gegen die Ungleichheiten getan werden kann (Hornung et al. 127; Walton 700f.). Wie Hartman 2009 ironisch sagte: „‚[D]urch den Kapitalismus ruinierte und ungerecht gewordene Welt durch guten Kapitalismus zu retten‘" (Hornung et al. 127). Somit wird durch das Konzept „Fair Trade" also sämtliche Verantwortung an die Konsumenten abgegeben, etwas gegen soziale Ungleichheiten und ähnliche Probleme in Drittländern zu tun, da ein Großteil der Fairtrade Ziele diese Probleme anvisiert. Die moralische Beeinflussung der Menschen in Industrieländern wird so bewusst getriggert.

Ein weiteres Problem von Fairtrade-Produkten ist die vermeintlich bessere Qualität der Ware. Der höhere Preis suggeriert in den Köpfen der Menschen automatisch eine höhere Qualität gegenüber dem „normalen" Produkt. In der Realität allerdings muss dies nicht immer der Fall sein. Dazu ein Beispiel an der Kaffeebohnenernte: Jede Ernte bringt gute und weniger gute Bohnen hervor. Auf dem normalen Verkaufsweg ohne Fair Trade würde der Bauer für die schlechtere Ernte 1$ und für die besseren Bohnen 1,30$ bekommen können. Mit Fair Trade Zertifizierung und dem dementsprechend festgelegten Festpreis würde er für egal welche Kaffeebohnen 1,15$ bekommen. Dementsprechend würde er die Ernte mit minderer Qualität mit Fair Trade Siegel weiterverkaufen und somit der Kunde am Ende diese Ernte im Laden kaufen. (Haight)

Ein weiterer Kritikpunkt neben der Tatsache, dass die Zertifizierungskosten für FairTrade-Waren auf lange Sicht den Gewinn durch Verkauf via FairTrade übersteigen (Dragusanu et al. 18f), ist, dass der Verkauf mit Fair Trade Zertifizierung ausschließlich den Eigentümern der Farmen profitabel ist. Saisonarbeiter, Kinderbildung und Zwischenhändler profitieren nicht beziehungsweise werden negativ beeinflusst, wie eine umfangreiche Studie der Harvard Universität herausfand (Dragusanu et al. 38). Die positiven Auswirkungen sind im realen Leben oft nur schwer erkennbar und undurchsichtig, obwohl laut Fair Trade International ein Standard die Transparenz von Geld- und Warenflüssen ist (ebd.).

3. Akteure des Fairen Handels

Im Folgenden soll genauer analysiert werden, welche Akteure im Fair Trade Handel mitspielen, wie die Lieferkette aussieht und wer wie von Fair Trade profitiert. Das Ganze wird mit Hilfe von Fair Trade Kaffee beispielhaft analysiert.

3.1 Übergeordnete Akteure

3.1.1 Fairtrade Labeling Organization (FLO)

Der Dachverband von Fair Trade „Fairtrade International" besteht aus drei Produzentennetzwerken und 25 NFO (Nationale Fairtrade Organisationen). Zu dessen Hauptaufgaben zählen die Erarbeitung von Standards, auf politischer Ebene die Verhandlungen für einen fairen Welthandel und in Zusammenarbeit mit den Netzwerken helfen sie Kleinbauern bei den Schritten zu Fairtrade-Produktion (Fairtrade Deutschland). Zudem gehören dem Verband die Rechte am „FairTrade"-Siegel (Fairtrade International) und sie legen in Absprache mit Händlern und Produzenten den Mindestpreis für die Fairtrade-Güter fest (Coe et al. 462; Fairtrade Deutschland). Zum Vergleich, der „normale" Kaffeepreis auf dem Weltmarkt wird durch Angebot und Nachfrage bestimmt (Coe et al. 122).

Doch wie profitiert die FLO nun finanziell von Fair Trade? Grundsätzlich verdient die FLO an den Mitgliedsbeiträgen der NFOs, Lizenzvergaben und Spenden. Dieses Einkommen lag 2019 bei 27,7 Millionen Euro. Doch nur ein Bruchteil dessen wird als solches einbehalten. Lediglich 174.000 Euro bleiben zurück, während fast 25 Millionen Euro zurückfließen zu den NFOs und anderen Bereichen des fairen Handels. (Fairtrade International 26)

Es lässt sich also festhalten, dass die Dachorganisation eher soziale und keine monetären Ziele verfolgt.

3.1.2 Produzentennetzwerke

Die drei kontinentalen Produzentennetzwerke bestehen jeweils aus nationalen Produzentenorganisationen und vertreten die Interessen der Plantagenarbeiter und Kleinbauernfamilien und unterstützen sie bei der Umsetzung der festgelegten Standards und Zertifizierungsangelegenheiten. Durch die Netzwerke wird auch sichergestellt, dass diese an allen wichtigen Entscheidungen ein Mitspracherecht haben. (Fairtrade Deutschland)

3.1.3 Nationale FairTrade Organisationen (NFO)

Die 25 nationalen Fairtrade-Organisationen verteilt in der ganzen Welt sind für die Öffentlichkeitsarbeit in ihrem Land zuständig und arbeiten mit Händlern zusammen, die das Fair Trade Logo verwenden (möchten). (Fairtrade Deutschland)

Die Einnahmequellen der NFOs bestehen zum einen aus Lizenzeinnahmen, zum anderen aber auch aus Geldern der FLO und Spendengeldern. (Fairtrade International 26)

3.1.4 FLOCERT

FLOCERT ist ein weltweit tätiges Tochterunternehmen von Fairtrade International und ist verantwortlich für die regelmäßigen Überprüfungen der Akteure der Fairtrade Lieferkette, ob diese auch alle Vorgaben und Richtlinien einhalten. (FLOCERT)

Neben den Einkünften durch Fairtrade International, verdient FLOCERT durch an allem rund um den Zertifizierungsprozess bei Unternehmen und den regelmäßigen Kontrollen. (ebd.)

3.2 Akteure der Fairtrade-Lieferkette

3.2.1 Farmer / Produzenten

Am Anfang der Lieferkette stehen die Farmer / Kleinbauern, die mit Hilfe der Produzentennetzwerke die Fairtrade Zertifizierung möglichst erhalten sollen (DiMarcello 12).

Der aktuelle Mindestpreis bei Fairtrade Kaffeebohnen liegt bei 2,78 € / kg (Fairtrade International 20). Im Vergleich, der aktuelle Preis für Kaffee am Weltmarkt liegt derzeit 2,84 € / kg (finanzen.net). In diesem Fall würde Käufer trotzdem den normalen Weltmarktpreis bezahlen, denn bei Fairtrade-Gütern muss immer der höhere Preis der beiden gezahlt werden (Utting-Chamorro 585)

Durch die Prämienzahlung, die jeder Fairtrade zertifizierte Bauer zum Verkaufspreis zusätzlich erhält, profitieren die Arbeiter nicht-monetär von „Investitionen in Bildung, Infrastruktur, Qualitätsverbesserungen und anderen Initiativen" (Coe et al. 463; Macdonald 799). 146 Millionen Dollar Prämie standen 2018 den 1,46 Millionen Bauern zur Verfügung (Coe et al. 462f.). Diese Prämie allerdings wird nicht 1:1 an die Kleinbauern ausbezahlt, sondern von den Produzentenorganisationen einbehalten, wo dann per Abstimmung über die Verwendung entschieden wird (Haight). Eine genaue Kalkulation über die Verteilung ist deshalb auch sehr schwierig zu vollziehen (Podhorsky 172).

Die Fairtrade-Bauern machen Profit, indem sie ihre Kaffeebohnen an Produzentenorganisation (siehe 4.4) verkaufen, in denen sie auch angestellt sein können, die ihre Ernte dann exportieren und weiterverkaufen (Utting-Chamorro 588f.). Dabei zahlen diese

> „wesentlich höhere Preise als es Zwischenhändler und Geschäfte tuen würden, die konventionellen Kaffee zum Marktpreis verkaufen" (Utting-Chamorro 587).

Jedoch gilt: „A higher price does not necessarily mean a higher income to farmers" (ebd. 357). Gerade wenn Kleinbauern Teil einer größeren Produzentenorganisation sind, kann es auf Grund von Schuldenabbau, Exportkosten oder anderen zusätzlichen Aufwendungen dazu kommen, dass der volle „faire" Preis nicht oder erst sehr spät bei den entsprechenden Kleinbauern ankommt. (Utting-Chamorro 589)

Nichtsdestotrotz zeigt eine einfach Vergleichsrechnung auf, dass sich Fairtrade unter normalen Umständen durchaus rechnet:

[Die Abbildung ist aus urheberrechtlichen Gründen nicht im Lieferumfang enthalten.]

Abbildung 1: Einkommensvergleich eines Kleinbauern

Laut dem „Annual Report 2020" von FairTrade International floss in den vergangenen Jahren am meisten Geld in die individuelle Förderung von Kleinbauernfamilien, gefolgt von Unterstützungen der NFOs und „Gemeinschaftsprojekten" (Annual Report 10). 5,44% wurden lediglich für die Umwelt ausgegeben (Linne et al. 167). Was letztendlich wirklich den Farmern zugutekommt und umgesetzt wird, lässt sich auf Grund der Globalität von Fairtrade lokal nur schwer erkennen (Utting-Chamorro 594). Auch wenn offiziell beispielsweise 5,44% in Umweltaspekte investiert wird (Linne et al. 167), ist nicht genau messbar, in welcher Form das tatsächliche Geld wo investiert wurde.

Der nächste Akteur in der Lieferkette sind die Exporteure. Sie sorgen dafür, dass die Kaffeebohnen von den Produzenten zu den Weiterverarbeitungsunternehmen gelangt. Ein Beispiel hierfür ist die Organisation PRODECOOP in Nicaragua. Mehr als 1000 Farmer hat sie unter ihrem Dach, die Fair Trade Kaffee anbauen und an PRODECOOP zum Verschiffen weitergeben. (Equal Exchange)

Profit machen die Exporteure durch den Weiterverkauf der zertifizierten Bohnen. Im Unterschied zum normalen Kaffeehandel sind die Verkäufer nicht „anonym und irrelevant" (Macdonald 804), sondern alle Beziehungen in der Lieferkette sind enge Partnerschaften. Im Jahr 2011 lag der Umsatz der Organisation PRODECOOP bei fünf Millionen Dollar. (Utting-Chamorro 587) Doch teilweise sind diese Organisationen auch hochverschuldet, wie beispielsweise SOPPEXCCA. Diese Firma bezahlte von 1997 – 2003 durchwegs Schulden ab, was dazu führte, dass sie den höheren Fairtradepreis nie wirklich bekommen haben, somit auch keine höheren Löhne an ihre Farmer bezahlen konnte (ebd. 589).

3.2.3   Hersteller, Handel und Konsumenten

Im Falle von Fairtrade-Kaffee versteht man unter „Hersteller" die großen Röstereien. Hier werden die Bohnen geröstet und für den Handel bereit gemacht, sofern Unternehmen wie Starbucks keine „Direkthandelverträge" mit den Produzenten vor Ort abgeschlossen haben (Macdonald 806). Sie verdienen ihr Geld durch Aufträge vom Großhandel.

Die Händler sind das vorletzte Glied in der Kette, in der sich der Verkauf vollzieht. Auch hier bestimmt die Nachfrage durch die Konsumenten, wieviel Fairtrade-Produkte die Händler bestellen müssen. Durch den höheren Einkaufspreis für die Händler ist auch der Preis im Laden dementsprechend höher.

Am Ende der Lieferkette stehen die Konsumenten, welche sich im Laden dann eventuell dafür entscheiden, den höheren Preis für Fairtrade-Kaffee zu bezahlen. Durch diese bewusste Entscheidung unterstützen sie Kleinbauern in Drittländern, indem sie die Nachfrage für diese Art Kaffee erhöhen. (Podhorsky 176)

4. Fairtrade – Eine gute Alternative!

Zusammenfassend lässt sich also festhalten, dass Fairtrade eine alternative Marktform ist, die auf die besondere Unterstützung der Kleinbauern in Drittländern durch Konsumenten in Industrieländern ausgerichtet ist. Der gute Ruf des fairen Handels allerdings lässt die Kritiken und Nachteile fast völlig unbeachtet. Neben der Tatsache, dass „fair" nicht gleich „fair" bedeutet, sowie falscher Annahmen zur vermeintlich besseren Qualität, kommt unter anderem noch die Ironie von Fairtrade-Produkten zum Kauf im Discounter hinzu. Nichtsdestotrotz profitieren alle Akteure von Fairtrade, wie darauffolgend erläutert wurde.

Die abschließende Frage, ob Kleinbauen wirklich am meisten von der Fairtrade-Zertifizierung profitieren, lässt sich pauschal nur schwer beantworten. Wie in der Arbeit aufgezeigt wurde, ergeben verschiedene Quellen, Forschungsarbeiten und Studien allesamt unterschiedliche Ergebnisse. Auch die Frage, welche anderen Akteure wie verdienen / profitieren konnte nicht abschließend geklärt werden. Ebenfalls hier sind sich viele Forschungsarbeiten uneinig über die genaue Verteilung. Was aber mit Sicherheit gesagt werden kann, ist das durch Fairtrade mehr globale Aufmerksamkeit auf die Arbeitsumstände in Entwicklungsländern gelegt wird und dadurch auch mehr für Arbeiter vor Ort getan wird.

In zukünftigen Arbeiten, die einen größeren Rahmen bieten, könnte man die Fragen erneut aufwerfen und durch genauere und selbstdurchgeführte Feldforschungen versuchen zu beantworten. Zusätzlich wäre es denkbar, den Fair Trade Handel, sowie den direkten Handel zu vergleichen und analysieren, welche Handelsmethode langfristig profitabler ist.

Die Stärken dieser Arbeit liegen in den Kritiken und aktuellen Debatten, die der faire Handel mit sich bringt. Gerade weil es in der heutigen Gesellschaft schnell missverstanden werden kann, wenn man Konzepte zur wirtschaftlichen und ökonomischen Hilfe für Drittländer kritisiert, ist es umso wichtiger, sie im Rahmen von Forschungsarbeiten anzusprechen. Eine Schwäche dieser Arbeit liegt aber nichtsdestotrotz an der oft nur oberflächlichen Betrachtung von Sichtweisen, was unter anderem an den Rahmenbedingungen lag.

Man kann schlussendlich nur darauf vertrauen, dass die Fair Trade Organisationen ihre Versprechen halten und sich weiterhin für eine Welt mit gerechterem Handel und besseren Bedingungen für Kleinbauern in Drittländern einsetzen. Jeder Schritt in eine sozial und ökonomisch gerechtere Welt ist ein richtiger.

5. Literaturverzeichnis

Bäthge, Sandra. „Verändert der Faire Handel die Gesellschaft? – Erkenntnisse aus einer Trend- und Wirkungsstudie". *Entgrenzungen des Konsums: Dokumentation der Jahreskonferenz des Netzwerks Verbraucherforschung*, herausgegeben von Peter Kenning und Jörn Lamla, 1. Aufl. 2018, Springer Gabler, 2017, S. 67–83, doi:10.1007/978-3-658-19339-3_5.

BMZ. „Fairer Handel". *Bundesministerium für wirtschaftliche Zusammenarbeit und Entwicklung*, www.bmz.de/de/entwicklungspolitik/fairer-handel. Zugegriffen 3. April 2021.

Coe, Neil, u. a. *Economic Geography: A Contemporary Introduction.* 3., E-Book, Wiley-Blackwell, 2019.

DiMarcello, Nicholas, u. a. „Global Fair Trade Markets and Product Innovations". *EuroChoices*, Bd. 13, Nr. 3, 2014, S. 12–18. *Crossref*, doi:10.1111/1746-692x.12069.

Dragusanu, Raluca, u. a. „The Economics of Fair Trade". *Journal of Economic Perspectives*, Bd. 28, Nr. 3, 2014, S. 217–36, www.aeaweb.org/articles?id=10.1257/jep.28.3.217.

Equal Exchange. „PRODECOOP". *Equal Exchange*, equalexchange.coop/our-partners/farmer-partners/prodecoop. Zugegriffen 6. April 2021.

„Fair Trade". *Duden online*, www.duden.de/node/44625/revision/44654. Zugegriffen 5. April 2021.

Fairtrade Deutschland. „Fairtrade International". *Fairtrade Deutschland*, www.fairtrade-deutschland.de/was-ist-fairtrade/fairtrade-system/fairtrade-international. Zugegriffen 5. April 2021.

Fairtrade Deutschland. „Fairtrade-Produzenten". *Fairtrade Deutschland*, www.fairtrade-deutschland.de/was-ist-fairtrade/fairtrade-produzenten. Zugegriffen 5. April 2021.

Fairtrade Deutschland. „Fairtrade-Siegel". *Fairtrade Deutschland*, www.fairtrade-deutschland.de/was-ist-fairtrade/fairtrade-siegel. Zugegriffen 3. April 2021.

Fairtrade Deutschland. „Fairtrade-Standards". *Fairtrade Deutschland*, www.fairtrade-deutschland.de/was-ist-fairtrade/fairtrade-standards. Zugegriffen 5. April 2021.

Fairtrade Deutschland. „Fairtrade-System". *Fairtrade Deutschland*, www.fairtrade-deutschland.de/was-ist-fairtrade/fairtrade-system. Zugegriffen 5. April 2021.

Fairtrade Deutschland. „Mindestpreis Und Prämie". *Fairtrade Deutschland*, www.fairtrade-deutschland.de/was-ist-fairtrade/fairtrade-standards/mindestpreis-und-praemie. Zugegriffen 5. April 2021.

Fairtrade Deutschland. „Nationale Fairtrade-Organisationen". *Fairtrade Deutschland*, www.fairtrade-deutschland.de/was-ist-fairtrade/fairtrade-system/nationale-fairtrade-organisationen. Zugegriffen 3. April 2021.

Fairtrade Deutschland. „Produzentennetzwerke". *Fairtrade Deutschland*, www.fairtrade-deutschland.de/was-ist-fairtrade/fairtrade-system/produzentennetzwerke. Zugegriffen 5. April 2021.

Fairtrade International. "Umsatz Mit Fairtrade-produkten Weltweit In Den Jahren 2004 Bis 2018 (In Millionen Euro)." Statista, Statista GmbH, 15. Nov. 2019, https://de.statista.com/statistik/daten/studie/171401/umfrage/umsatz-mit-fairtrade-produkten-weltweit-seit-2004/

Fairtrade International. „Annual Report 2019–2020". *Fairtrade International*, 8. Dezember 2020, www.fairtrade.net/library/2019-2020-annual-report.

finanzen.net. „Kaffeepreis aktuell in Euro und Dollar". *finanzen.net*, www.finanzen.net/rohstoffe/kaffeepreis. Zugegriffen 6. April 2021.

FLOCERT. „Über uns: Was FLOCERT ausmacht". *FLOCERT*, www.flocert.net/de/ueber-uns. Zugegriffen 6. April 2021.

Gröne, Katharina, u. a. *Fairer Handel: Chancen, Grenzen, Herausforderungen*. oekom verlag, 2020, content-select.com/media/moz_viewer/5e5e3e9a-795c-4b5f-b657-480eb0dd2d03/language:de#.

Günther, Heidi. „Fairtrade Kritik: Wie fair sind Produkte mit dem Fairtrade Siegel wirklich?" *Happy Coffee*, 21. Februar 2021, www.happycoffee.org/blogs/faire-welt/fairtrade-kritik.

Haight, Colleen. „The Problem With Fair Trade Coffee". *Stanford Social Innovation Review*, 2011, ssir.org/articles/entry/the_problem_with_fair_trade_coffee.

Hornung, Benjamin, u. a. „Wo Kritik war, ist Konsum". *Kurswechsel*, Nr. 1, 2011, S. 126–30. *ECONBIZ*, www.econbiz.de/Record/wo-kritik-war-ist-konsum-das-problem-mit-fair-trade-hornung-benjamin/10009032965.

Macdonald, Kate. „Globalising justice within coffee supply chains? Fair Trade, Starbucks and the transformation of supply chain governance". *Third World Quarterly*, Bd. 28, Nr. 4, 2007, S. 793–812. *Crossref*, doi:10.1080/01436590701336663.

Maseland, Robbert und Albert de Vaal. „How Fair Is Fair Trade?" *De Economist*, Bd. 150, Nr. 3, 2002, S. 251–72. *Crossref*, doi:10.1023/a:1016161727537.

Podhorsky, Andrea. „A positive analysis of Fairtrade certification". *Journal of Development Economics*, Bd. 116, 2015, S. 169–85. *Crossref*, doi:10.1016/j.jdeveco.2015.03.008.

Umweltbundesamt. „‚Grüne' Produkte: Marktzahlen". *Umweltbundesamt*, 13. März 2020, www.umweltbundesamt.de/daten/private-haushalte-konsum/konsum-produkte/gruene-produkte-marktzahlen#umsatz-mit-grunen-produkten.

Utting-chamorro, Karla. „Does fair trade make a difference? The case of small coffee producers in Nicaragua". *Development in Practice*, Bd. 15, Nr. 3–4, 2005, S. 584–99. *Crossref*, doi:10.1080/09614520500075706.

Walton, Andrew. „The Common Arguments for Fair Trade". *Political Studies*, Bd. 61, Nr. 3, 2012, S. 691–706. *Crossref*, doi:10.1111/j.1467-9248.2012.00977.x.

World Fair Trade Organization. „Eine Grundsatz Charta für den fairen Handel". *Fairtrade Region Göttingen*, Fairtrade Region Göttingen, 2009, www.fairtrade-regiongoettingen.de/fileadmin/Redaktion/download/fairtrade_Grundsatz_Charta_des_fairen_Handels.pdf.